Jules Jamin

Les Générations spontanées

Science

ISBN : 978-1722130282

10 9 8 7 6 5 4 3 2 1

Jules Jamin

Les Générations spontanées

Science

Table de Matières

Introduction

À côté des animaux et des végétaux de grande taille, qui nous sont bien connus, se cache un monde entier de créatures exiguës qui nous est demeuré fermé jusqu'au moment où le microscope a été découvert et qui se révèle peu à peu à mesure que cet instrument gagne en puissance. Ces êtres sont classés les uns parmi les champignons, dont ils ont tous les caractères, les autres parmi les animaux à cause de leurs mouvements et de leur mode de nutrition : on les nomme infusoires parce qu'ils habitent les infusions. Il y en a enfin qui offrent des propriétés communes aux animaux et aux végétaux et se tiennent à la limite des deux règnes entre lesquels ils établissent une sorte de continuité.

On a cru d'abord qu'ils étaient organisés très simplement ; mais en les observant avec de plus forts grossissements, on a reconnu qu'ils possèdent des viscères compliqués. En les nourrissant avec des substances colorées, on a rendu visibles leurs estomacs, qui sont nombreux, et suivi le mouvement des aliments tout le long du canal intestinal. Les plus gros ont des organes de reproduction très volumineux et très féconds, d'autres, qui sont à la limite entre le visible et l'invisible, en paraissent dépourvus, et l'on ne sait comment ils se reproduisent ; mais, quand l'observation devient impossible, l'imagination cherche à la remplacer. En découvrant des êtres complets venus sans cause apparente, sans qu'on ait suivi leur généalogie ou assisté à leur naissance, on a cru qu'ils n'avaient ni père ni mère, et qu'ils étaient spontanément éclos au milieu de la pourriture des matières organiques. Telle est l'origine de cette hypothèse fameuse des générations spontanées, imaginée comme toutes les autres hypothèses pour combler une lacune dans notre savoir, vieille comme le monde, reculant toujours, mais renaissant sans cesse, car aussitôt que l'observation reconnaît la fécondation sexuelle chez des espèces qu'on en croyait privées, elle découvre en même temps d'autres créatures plus petites avec lesquelles il faut recommencer. Quand les adversaires ont épuisé leurs arguments, la question sommeille, mais c'est toujours pour se réveiller avec passion lorsque de nouveaux faits raniment l'antique querelle. Nous assistons depuis 1860 à l'une de ces recrudescences dont je vais faire ici l'histoire, sans parler de celles qui l'ont précédée. Mon rôle, va se réduire à classer et à présenter les pièces du procès aux lecteurs de la *Revue*, qui, bien informés, jugeront suivant leurs impressions.

Section I

Tous les êtres supérieurs, sans exception, reçoivent la vie de parents auxquels ils sont semblables, et ils n'ont aucun autre mode de génération. Les infusoires les plus petits ou les végétaux les plus rudimentaires sont les seuls dont l'origine paraisse quelquefois mystérieuse ; nous n'aurons donc à nous occuper que de ceux-ci, qui sont heureusement peu nombreux, et pour l'intelligence de ce qui va suivre il nous suffira d'en donner une courte énumération. Nous rencontrons d'abord la famille des infusoires ciliés, qui vivent dans les eaux stagnantes. Ils doivent ce nom à des poils mobiles alignés comme des cils sur la surface de leur corps, qu'ils agitent avec rapidité, et qui, semblables à des rames nombreuses, impriment à l'animal, avec une remarquable aisance et une grande variété d'allures, tous les mouvements qu'il a besoin d'exécuter. Ce sont des animaux d'assez grande taille, pouvant atteindre un dixième de millimètre. On connaît avec assez de précision les détails de leur organisation ; on sait qu'ils ont plusieurs estomacs, un foie et un volumineux organe de reproduction. C'est parmi eux que nous trouverons les kolpodes, infusoires carnassiers, voraces, très vifs et très communs, dont la forme caractéristique rappelle celle du haricot, et sur lesquels nous reviendrons.

Les monades, que nous rencontrerons plus souvent encore, sont beaucoup plus petites, Il en faudrait deux mille, rangées à la file, pour couvrir un millimètre. Le plus souvent elles apparaissent comme des points agiles. Elles sont mal connues, parce que leur petitesse dissimule les organismes intérieurs ; les plus grosses seules ont pu être observées. Elles ressemblent à un gland ovoïde, fendu à la pointe, — c'est la bouche, — et armé d'un fléau ou trompe, organe à double nom et à double fin, servant à saisir la nourriture et à frapper l'eau par un rapide mouvement de vibration qui fait marcher l'animal comme l'hélice un vaisseau. Le corps est recouvert de glandes d'abord très petites qui grossissent peu à peu, se détachent ensuite et deviennent de jeunes êtres semblables à leur mère. La monade est vorace, sans cesse remuée, et ne se tient au repos que si elle est repue.

En descendant encore dans l'échelle animale, on arrive à la famille des vibrioniens. Les individus qui la composent sont réduits à des filaments très minces, séparés en articles nombreux et soudés bout à bout. Ce sont des chapelets qui de temps en temps s'égrènent ; mais les tronçons vivent, se multiplient en s'allongeant pour se diviser de nouveau comme celui d'où ils dérivent. On conçoit toute la fécondité et la commodité d'un pareil mode de reproduction, le seul connu, mais qui pourrait bien n'être pas la seule ressource des vibrioniens. Sans tête ni queue, n'ayant aucune dissymétrie aux deux bouts, privés de tout organe apparent, ce sont les plus simples des êtres, et pourtant la nature leur a confié une des fonctions les plus nécessaires à l'équilibre du monde. On peut aussi bien les considérer comme des végétaux que comme des animaux. Cependant ils sont doués d'un mouvement propre, et d'après la manière dont ils l'exécutent, on les classe en trois genres qui peuplent les infusions et qu'il sera toujours facile de distinguer. Les *bactéries* paraissent raides et se balancent tout d'une pièce ; les *vibrions* sont flexibles et doués du mouvement vermiforme ; enfin les *spirilles* ressemblent à des tire-bouchons et cheminent en spirales comme une vis dans son écrou.

Le règne végétal ne nous fournira guère que des champignons microscopiques appartenant aux familles des mucédinées, des torulacées et des mucors, dont les caractères essentiels sont en tout comparables à ceux du champignon de couche. On sait que celui-ci est une plante souterraine, qui vit à l'obscurité dans les assises du fumier, où elle forme un feutrage serré de filaments blancs que les agriculteurs nomment *blanc de champignon*, et les botanistes *mycelium*. Ce blanc est doué d'une vitalité surprenante : on peut le sécher, le chauffer jusqu'à 100 degrés, le conserver pendant des années, et lui rendre aussitôt la vie en le remettant dans les circonstances de température, d'humidité et d'amendement où il avait pris naissance. Quand il est mûr, il développe rapidement, quelquefois en une nuit, une excroissance extérieure comestible qui constitue tout le champignon pour le vulgaire, et qui n'est pour le botaniste que l'organe de la fructification. Cette excroissance porte en effet les germes, c'est-à-dire les *spores*, graines légères et déliées qui se détachent, que l'air emporte, et qui vont engendrer ailleurs de nouvelles couches souterraines de mycélium et de nouveaux développements aériens. Bien connue pour le champignon de couche, cette évolution se retrouve avec une fécondité au moins égale chez les mucédinées microscopiques que nous allons observer. Qu'on abandonne, par exemple, un morceau de pain à l'air humide, bientôt un mycélium qu'on pourra semer va se cacher et ramper dans le tissu du pain, puis il poussera des tiges extérieures. À l'œil nu et dans le langage vulgaire, c'est la moisissure du pain ; au microscope, ce sont des troncs d'arbre épanouis en rameaux, et sur ces rameaux des chapelets de spores qui se détachent et s'envolent à la maturité. Dans le langage savant, c'est le *penicillium glaucum*, champignon tout aussi connu et classé avec autant de précision que l'agaric comestible, champignon qu'on sème dans des couches de fromage de Roquefort où il se montre en forêts persillées, caractère et mérite spécial de ce comestible estimé. Le *blanc*, qui envahit quelquefois les feuilles des arbres fruitiers, l'*oïdium*, dont on connaît les ravages, sont des champignons de la même famille et cousins de ceux qui ont causé la maladie des pommes de terre. Extrêmement faciles à semer, se multipliant à l'infini, résistant à tout remède, ils s'attaquent à tous les êtres : au blé sous le nom de rouille, au seigle qu'ils ergotent, aux larves enfouies, aux guêpes vivantes, aux vers à soie, etc. Chacun d'eux choisit la station qui lui convient le mieux, parce qu'il y trouve sa nourriture spéciale, et le plus souvent reçoit un nom qui en dérive.

À un degré plus bas encore dans le règne végétal, nous allons rencontrer d'autres êtres plus mystérieux à cause de la mission qui leur est réservée, et que l'on a nommés *ferments*. Le plus étudié et le mieux connu de ces ferments est la levure. À l'œil nu, c'est une bouillie jaunâtre, sorte de lie qui se forme pendant la fabrication de la bière. Quand avec la pointe d'une aiguille on en dépose une petite parcelle dans une liqueur contenant beaucoup de sucre, un peu de matières azotées et phosphatées, elle se multiplie comme ferait une plante dans un terrain fertile. C'est une plante en effet, encore un champignon,[1] qui dans le microscope se présente en amas de globules arrondis sans détails intérieurs. Quand on

---

1 *Torula cerevisiæ.*

observe l'un d'eux, on voit bientôt naître à la surface un bourgeon qui grandit jusqu'à devenir semblable au globule primitif, jusqu'à se reproduire comme lui. C'est ainsi que commence et se continue de proche en proche, par gemmation, la multiplication de cette lie vivante. Or pendant tout le temps de son existence cette plante accomplit un des plus merveilleux phénomènes qu'il ait été donné aux chimistes d'observer : elle détruit le sucre en séparant les deux substances dont il est composé, l'acide carbonique, qui s'échappe en bouillonnant, et l'alcool, qui reste dans la liqueur. C'est comme cela que se fait la bière, par une action chimique spéciale exclusivement due à l'exercice de la vie d'un être microscopique, et qui est pour lui une fonction aussi nécessaire que l'est pour nous la respiration : enlevez-lui le sucre, et il périt, comme nous périssons nous-même aussitôt qu'on nous prive d'air respirable. Ce ferment n'est pas le seul que l'on connaisse ; tous les jours la chimie découvre de nouvelles espèces analogues, et reconnaît qu'on doit à chacune d'elles des actions chimiques spéciales qui transforment par fermentation une masse énorme de substances naturelles. Ces êtres jouent leur rôle dans la vie du globe, parce que le nombre des individus est immense, et qu'ils se multiplient au-delà de toute conception aussitôt que se rencontrent les conditions où ils peuvent accomplir la mission particulière à laquelle ils sont prédestinés.

Le lecteur sait maintenant tout ce qu'il faut savoir de ces êtres microscopiques dont la nature a été si prodigue et dont l'étude s'impose à nous à cause des services qu'ils nous rendent et des maux qu'ils nous apportent. La question de leur génération est loin d'être une question de pure curiosité, et la solution nous importe beaucoup, puisque nous devons apprendre ou à les multiplier ou à les détruire. Il faut d'abord décrire les principales circonstances où ces êtres microscopiques apparaissent.

On fait macérer dans de l'eau pure les feuilles ou les tiges d'une plante quelconque, une poignée de foin par exemple, ou bien les organes d'un animal, quel qu'il soit. On peut employer aussi de l'urine fraîche, du lait, du sang, en général une solution dans l'eau de quelque matière tirée d'un être vivant. Après l'avoir soigneusement filtrée, on l'introduit dans un vase que l'on peut couvrir et même boucher, mais en ayant soin de laisser de l'air en contact avec la surface liquide. Cela fait, on abandonne l'expérience à elle-même et l'on attend. Au bout de deux jours, quand la température est suffisante, la surface est recouverte d'un léger voile qui s'épaissit avec le temps et se transforme en une fausse membrane. Cette membrane est peuplée de bactéries, de vibrions, de spirilles ; elle fourmille de monades et de kolpodes ; elle sert de sol à tout un monde extérieur de végétaux mucédinés. Toutes les solutions ne sont point aptes à produire la totalité de ces êtres ; ils semblent choisir l'habitation qui leur convient. La circonstance la plus remarquable est qu'on voit apparaître dans les liqueurs les ferments qui peuvent les transformer. C'est ainsi que la levure apparaît toutes les fois qu'il y a du sucre et des matières azotées et phosphatées, que le mycoderme du vinaigre s'établit sur le vin pour le transformer en acide acétique, et qu'en général chaque espèce vient se présenter à point nommé toutes les fois qu'elle peut exercer l'industrie spéciale pour laquelle elle est créée. Ces expériences ont été variées de toutes les manières possibles : les résultats ont toujours été constants, et l'on peut les résumer par l'énoncé suivant. Toute matière ayant eu vie, maintenue humide, au contact de l'*air commun*, à une température suffisante de 15 à 25 degrés, se peuple *naturellement*, à l'intérieur et à l'extérieur, d'infusoires ou de mucédinées dont l'espèce varie avec la matière observée, et sans qu'on sache *à priori* comment ces êtres ont pris naissance.

Dans toute discussion, c'est un point fort important que les adversaires soient d'accord sur les faits fondamentaux. Cette condition est réalisée dans le cas qui va nous occuper. La loi que nous avons exprimée est incontestable, et personne ne songe à la contester ; mais, si tous les physiologistes s'inclinent devant l'autorité de ces phénomènes, ils se séparent aussitôt qu'ils veulent en donner l'explication. Quelques-uns raisonnent à peu près de la manière suivante. — Quand on enlève une portion quelconque à un végétal ou à un animal, elle cesse de vivre ; alors ses éléments organiques, que M. Claude Bernard décrivait ici dernièrement avec tant d'autorité et de succès,[1] redeviennent libres, et la part de vie qu'ils possédaient s'affranchit de la solidarité qui les liait à l'ensemble d'où on les a tirés. De collective, elle devient alors individuelle ; elle s'emploie à animer des vibrions, des infusoires

---

1 Voyez la *Revue* du 15 septembre.

ciliés ou des champignons, et ces êtres, qui prennent naissance par la décomposition d'une vie antérieure, vivent séparément, si les circonstances les favorisent. — Cette idée était admise par Buffon ; elle est conforme à l'opinion que récemment M. Fremy énonçait au sein de l'Académie des Sciences ; elle revient à dire que la vie sous une certaine forme peut se continuer sous une autre, et l'on exprime heureusement cette transformation d'une existence en plusieurs autres par le mot d'*hétérogénie*. Ceux qui acceptent ces idées ne supposent donc point, comme on le croit généralement, que la vie puisse naître de rien ; ils se défendent avec raison d'une telle opinion qui serait inadmissible ; ils supposent simplement comme possible la fragmentation d'une vie qui s'éteint en d'autres existences qui commencent, et qui en seraient la monnaie. Il faut bien avouer qu'une semblable théorie n'a rien de contraire à la saine philosophie.

Plus confiants dans la généralité des lois de la nature, d'autres physiologistes proposent une explication différente. Les petits êtres microscopiques, disent-ils, comme les êtres supérieurs, reçoivent la vie d'ascendants auxquels ils ressemblent et la transmettent sans y rien changer à des individus qui leur succèdent. Si nous ne découvrons pas leurs organes générateurs, et si nous n'assistons pas à leur naissance, c'est que par leur petitesse et leur mobilité ils échappent à notre observation ; mais ils sont tellement féconds, et leurs germes tellement vivaces et nombreux, qu'ils se répandent et s'accumulent en tous les lieux de l'espace. Quand se réunissent en un endroit donné les circonstances qui conviennent au développement et à la nourriture de certaines espèces, leurs germes, qui ne font jamais défaut, sont là, prêts à pousser, à vivre, à fructifier. On a résumé cette seconde opinion par le mot de *panspermie*, qui exprime la diffusion de toutes les semences, en tout lieu et dans toute chose. La panspermie n'est pas moins raisonnable que l'hétérogénie. L'une et l'autre opinion respectent au même degré les principes religieux, parce qu'elles n'ont rien de commun avec eux, et les données de la philosophie, qui ne peut prétendre à découvrir la solution exacte de ce grand problème ; c'est devant un tribunal plus sûr, celui de l'expérience, que la question a été portée.

Il faut bien avouer que les deux théories ne s'y présentent pas avec les mêmes chances de succès. Cela tient à une différence caractéristique entre les méthodes qu'elles doivent adopter pour s'affirmer, différence que l'on va concevoir. L'hétérogénie consiste en une négation ; elle ne peut invoquer que des épreuves négatives. Il faut qu'elle prouve : premièrement qu'*il n'y a point de germes*, ni dans l'atmosphère, ni dans les liqueurs putrescibles, en second lieu qu'en tuant dans l'air et dans les matières organiques les germes qu'on pourrait y supposer, on *ne détruit pas* la fécondité spontanée des solutions putrescibles. Or il suffirait qu'un expérimentateur fût maladroit pour ne réussir ni à trouver ni à tuer les germes, s'il y en a, et pour qu'il se crût en droit de conclure qu'il n'y en a pas. Cela étant, les panspermistes auront toujours la ressource de dire à leurs adversaires : Vous ne savez ni découvrir ni tuer les germes, parce que vous n'êtes point assez habiles. Et les hétérogénistes, qui sembleraient avoir tort, même s'ils avaient raison, sont réduits à des argumentations, terrain peu solide, et à des négations, rôle ingrat que réprouve la prudence, mais qui n'a pas effrayé cependant des hommes éminents et profondément convaincus. Parmi eux, nous voyons en France, au premier rang par l'âge, par la réputation, comme par le talent, M. Pouchet, membre correspondant de l'Institut, directeur du Muséum de Rouen, auteur de travaux remarquables, remarqués et nombreux sur la micrographie. À côté de lui se tiennent MM. Joly et Musset, professeurs à la faculté de Toulouse. On se rappelle que M. Joly est venu cette année même exposer à Paris, dans une éloquente leçon, devant un auditoire charmé, la doctrine de l'hétérogénie. Accueilli tout d'abord avec une curiosité sympathique, il eut ensuite le bonheur d'ébranler quelques convictions et de reporter à Toulouse les adhésions ardentes d'une partie de la presse scientifique.

La tâche des panspermistes paraît plus laborieuse ; elle est incomparablement plus nette. Ils doivent démontrer qu'il y a des germes dans l'air, sur tous les corps qui y ont séjourné, dans toutes les solutions qu'on y a laissées, dans chaque pays, en tout lieu, partout et toujours. On exigera d'eux qu'ils montrent ces germes, qu'ils les sèment et qu'ils recueillent une moisson composée d'êtres semblables à ceux qui ont fourni la graine. Il faut enfin, pour compléter la démonstration, qu'ils puissent, en supprimant tous les germes, frapper de stérilité les solutions spontanément putrescibles. S'ils parviennent à remplir ce programme, il faudra bien se soumettre à la brutale autorité d'une démonstration irrévocable. On va voir bientôt jusqu'à quel degré de précision cette tâche a été accomplie. Dès l'abord, elle fut entreprise par M. Pasteur. Un maître autorisé, M. Coste, est venu lui apporter ensuite le secours de son talent. Nous pourrions compter également MM. Milne Edwards et Chevreul, et il serait facile d'augmenter la liste des savants qui ont adopté cette seconde opinion. En résumé, les faits étaient admis sans contestation, la question bien posée, les dissentiments nettement formulés. Dans les deux camps se rencontraient des talents élevés, une conscience égale, un même respect pour les personnes et, sans exclure la vivacité, une même courtoisie dans la lutte. C'est dans ces conditions que la bataille s'engagea devant un public intéressé et curieux.

Section II

Le premier coup fut tiré par M. Pasteur au mois de février 1860. Voici comment. L'atmosphère n'est jamais pure, elle est toujours salie par une multitude de corpuscules exigus que la résistance de l'air empêche de tomber et qui se déplacent dans tous les sens, au moindre souffle. On en trouve immédiatement la preuve en introduisant un rayon de soleil dans une chambre obscure. Éclairées vivement sur le passage de la lumière, les poussières deviennent visibles ; elles sont innombrables, toujours en mouvement, et pénètrent partout. S'il y a des germes dans l'atmosphère, il est certain qu'ils font partie de ce monde flottant, et qu'on les recueillerait en filtrant l'air à travers des obstacles assez enchevêtrés et assez multipliés pour arrêter et conserver les spores elles-mêmes. Pour exécuter ce projet, M. Pasteur faisait passer plusieurs mètres cubes d'air à travers un tube étroit où il avait préalablement introduit une longue bourre d'amiante ou de ouate, ou mieux encore de poudre-coton. Après l'expérience, la bourre était manifestement noircie ; il était évident que la plus grande partie, je ne dis pas la totalité, des corpuscules flottants s'y était déposée. On la mit digérer dans un mélange d'alcool et d'éther qui a la propriété de dissoudre le coton-poudre ; les poussières tombèrent au fond du vase, où elles furent recueillies, et M. Pasteur put les étudier au microscope. Il reconnut aussitôt qu'au milieu de fragments grossiers et de grains de fécule se trouvaient un grand nombre de corps organisés arrondis qui, par le volume et l'aspect général, semblaient identiques aux spores des mucédinées ou aux œufs des infusoires, corps déjà reconnus et signalés par divers micrographes dans la poussière qui se dépose naturellement sur les surfaces polies exposées à l'air.

Bientôt M. Pouchet fit des recherches analogues par un procédé différent. L'instrument qu'il a inventé, et nommé aéroscope, se compose essentiellement d'un tube à pointe fine par laquelle on fait passer sous forme de jet l'air qu'on veut étudier. Reçu sur une plaque de verre enduite de matière visqueuse, ce jet dépose un petit tas d'ordures qu'on peut immédiatement porter sous le microscope. Or avec cet instrument M. Pouchet a recueilli beaucoup de fragments de charbon, des débris inorganiques, des plumes, des poils de diverse couleur, des grains d'amidon, toutes choses sans importance, mais rien ou presque rien de ce qu'il cherchait, c'est-à-dire les spores ou les œufs des champignons ou des infusoires. Il a exécuté ses expériences en diverses contrées. « Il a, — c'est M. Joly qui parle, — examiné les poussières qui pénètrent dans les cavités respiratoires de l'homme et des animaux, celles que les siècles ont accumulées dans nos cathédrales gothiques, celles qui flottent dans l'air de nos salles de spectacle, de nos amphithéâtres, de nos hôpitaux. Il a traversé les mers, il a gravi les plus hautes montagnes ; son pied a foulé le cratère du Vésuve et de l'Etna ; il a pénétré dans les tombeaux des pharaons ; il a étudié leurs crânes poudreux et noircis par le temps... » Comment se fait-il que les recherches de M. Pouchet aient été si constamment négatives, et celles de M. Pasteur, qui n'est pas allé si loin, toujours fructueuses ? Je ne m'en étonne en aucune façon : le succès de l'un tient à son procédé d'investigation, qui est suffisant, l'insuccès de l'autre à son aéroscope, qui ne vaut rien. Un expérimentateur habile, le docteur Sales-Girons, a imaginé de répandre dans l'air, pour les faire respirer aux malades, des poussières impalpables d'eau minérale, et, voulant démontrer qu'elles pénètrent dans les ramifications profondes des bronches, il a essayé de les faire circuler dans des tubes de verre mouillés offrant des courbures brusques, de façon que le jet d'air chargé de ces poussières frappait à chaque courbure sur une paroi de verre, comme il le fait dans l'aéroscope de M.

Pouchet. Or le docteur Sales-Girons a constaté que les grosses poussières étaient arrêtées et recueillies par cet obstacle, tandis que les plus exiguës continuaient leur chemin sans s'y déposer. De même l'aéroscope recueillait toutes les grosses masses qui flottent dans l'atmosphère, celles qui ont été complaisamment décrites par M. Pouchet ; mais il laissait passer les spores et les œufs, qui sont beaucoup plus petits. Voilà pourquoi M. Pouchet ne les a jamais rencontrés, tandis que M. Pasteur les recueillait, les voyait, les montrait : comment l'aurait-il fait, s'ils n'eussent pas existé ?

Mais on peut opposer à M. Pouchet mieux que des critiques ; on peut lui opposer les récentes et remarquables études du docteur Lemaire et du professeur Gratiolet, Ces habiles expérimentateurs viennent de tenter avec succès la première analyse physiologique sérieuse de l'atmosphère. Ils puisent de l'air à un endroit quelconque qu'ils choisissent à volonté au moyen d'un instrument qu'on nomme aspirateur, et ils le font lentement passer par un tube très fin, en toutes petites bulles, à travers un peu d'eau où il se lave et où il abandonne les corps flottants, grossiers ou exigus, qu'il contenait. À cette méthode, dont l'efficacité et la simplicité sont évidentes, MM. Lemaire et Gratiolet ajoutent la suivante, plus ingénieuse encore, et qui est à la portée des moins habiles. Elle consiste à placer dans l'air, à l'endroit qu'on veut analyser, un vase fermé, rempli de glace, reposant dans une assiette propre. Le froid condense autour du vase l'humidité de l'air ; une abondante rosée tombe dans l'assiette, entraînant avec elle les poussières atmosphériques qui venaient toucher le vase refroidi. Or aucune des expériences ainsi faites ne s'est trouvée stérile. Dans tous les lieux analysés, on a fait une abondante récolte de spores et de germes d'infusoires. On en a trouvé dans les farines de toute espèce, dans les fécules, dans les aliments conservés, et jusque dans les médicaments pharmaceutiques. Depuis cinq ans, les hétérogénistes envoyaient à leurs adversaires ce défi, qu'ils croyaient victorieux : « Montrez-nous les germes de l'atmosphère. » Il est présumable qu'ils vont y renoncer.

Ainsi, on ne peut plus en douter, il y a des germes partout. On va maintenant essayer de prouver que toutes les fois qu'on les enlève ou qu'on les tue, on détruit en même temps la fertilité des infusions. Il y avait déjà sur ce point des expériences concluantes de Schultze et de Schwann. Mon dessein n'est pas de remonter si haut ; je me contenterai de dire comment M. Pasteur les a répétées et améliorées. Il verse dans plusieurs ballons pareils une égale quantité d'une même solution putrescible qu'il fait bouillir pendant quinze minutes. Cette ébullition produit un double effet : de détruire en les cuisant les germes qui se trouvaient dans le liquide ou dans les ballons, et de balayer par le courant de vapeur tout l'air intérieur. Pendant le refroidissement, on laisse rentrer dans les uns le gaz ordinaire de l'atmosphère, qui ramène et les germes et la fécondation dite spontanée, dans les autres un air qui a traversé un tube chauffé au rouge et où les germes se brûlent. Ces derniers ballons restent invariablement stériles : ayant supprimé les germes, on a détruit toute vie ultérieure.

Après avoir reconnu dans les poussières flottantes la présence de corps organisés arrondis qui lui semblaient être des spores et des œufs, et prouvé qu'en les brûlant on rend l'air stérile, M. Pasteur n'avait plus qu'une chose à faire, à démontrer que ce sont en réalité des germes féconds. Pour cela, il fallait les semer ; voici comment il s'y prit. Ayant préparé, comme nous venons de le dire, une infusion inféconde en la faisant bouillir et en la gardant dans un vase fermé au contact d'un air qui avait été brûlé, il y fit tomber, par un procédé que nous ne décrirons pas, un petit tube qui renfermait une bourre d'amiante. Suivant les cas, la solution demeurait stérile ou devenait féconde : toujours stérile quand la bourre avait été chauffée au rouge et ne contenait pas de germes, toujours féconde quand on y avait préalablement fait filtrer de l'air et qu'elle avait recueilli à travers ses filaments les corps arrondis dont nous avons parlé. Comme dans les cas où l'on opère au contact de l'air atmosphérique ordinaire, les générations naissantes apparaissaient au bout de vingt-quatre ou trente heures ; elles se composaient des mêmes espèces, et, circonstance importante, elles naissaient dans le tube, sur l'amiante, aux points mêmes où les germes étaient placés. On tenait ainsi le nœud de la question. Des germes avaient été recueillis, on les avait semés, et comme ceux qui flottent dans l'atmosphère, ils avaient germé.

Je viens d'exposer tels qu'il les a produits les expériences et les a raisonnements de M. Pasteur. Historien désintéressé, je dois maintenant y répondre au nom de M. Pouchet. Commençons par une expérience importante. M. Pouchet refait la dernière épreuve par laquelle M. Pasteur avait semé les germes, avec cette différence qu'au lieu de tubes contenant de l'amiante, il laisse tomber dans le ballon stérile du foin, une feuille, ou en général une substance putrescible, qu'il a eu soin de chauffer pendant une heure et demie à 150 degrés ; il ajoute en note : on peut chauffer jusqu'à 200 degrés, si l'on veut. — J'aurais mieux aimé que ce dernier chiffre fût affirmé dans le texte. — Or M. Pouchet voit apparaître après un temps quelquefois très long des mucédinées, des vibrions et des bactéries, jamais d'infusoires ciliés. Il explique ce résultat en disant que s'il y avait des germes dans la matière putrescible, ils auraient dû être décomposés par la température énorme qu'ils ont supportée, et que la fécondité de la solution ne peut dans ce cas être expliquée que par l'hétérogénie. Ce raisonnement serait en effet inattaquable, s'il était démontré que des infusoires ne peuvent supporter de très grandes variations de température sans perdre la vie ; mais on va voir qu'il n'en est pas ainsi.

M. Chevreul a montré autrefois et rappelait dernièrement que le blanc d'œuf, chauffé à 100 degrés, se cuit aussitôt, et qu'alors il devient insoluble dans l'eau, mais que si au contraire on commence par sécher ce blanc d'œuf à froid et qu'on le chauffe ensuite à 100 degrés pendant une heure et demie, il ne se coagule point, ne se cuit pas, et peut, quand il est refroidi, se redissoudre et reprendre les propriétés qu'il avait à l'état frais. Or le blanc d'œuf, c'est de l'albumine, qui se rencontre dans le tissu des animaux et dans leurs œufs ; il est donc évident que, si on chauffe ces œufs jusqu'à 100 degrés pendant qu'ils sont humides, ils seront cuits avec l'albumine qu'ils contiennent et par conséquent rendus inféconds, tandis que, si on les sèche d'abord pour les chauffer ensuite, ils ne seront point coagulés, et on ne voit aucune raison pour que la fécondité en soit détruite. Des observations justifient pleinement ce raisonnement. Spallanzani a trouvé sur les toits, sous les tuiles, des animaux nommés rotifères qu'on peut chauffer à 100 degrés, s'ils sont secs, et qui ressuscitent quand on les replonge dans l'eau. M. Doyère a fait depuis les mêmes observations sur les tardigrades, et il est avéré que ces êtres peuvent supporter sans mourir la température de 100 degrés, pourvu qu'ils soient secs. Il n'est donc pas impossible que des spores de mucédinées ou des œufs de vibrioniens résistent à

150. C'est une question de tolérance spécifique. J'avouerai en outre que la difficulté me paraîtrait aussi grande pour l'hétérogénie que pour la panspermie. L'hétérogénie suppose en effet que la vie des substances organiques se transmet à des êtres microscopiques. J'aurais autant de répugnance à croire que la vie résiste à 200 degrés dans ces conditions que j'ai peine à admettre sa conservation à cette température dans des œufs ou dans des semences définies.

Mais les hétérogénistes vont plus loin ; ils disent à leur adversaire : Vous avez introduit sur une dissolution bouillie de l'air que vous aviez calciné, et vous avez supprimé les générations ; soit. En opérant ainsi, vous avez certainement brûlé les germes qui auraient pu se trouver dans l'air ; mais êtes-vous sûr de n'avoir pas détruit en même temps quelque qualité vivifiante de l'air, quelque principe inconnu qui serait la cause efficace des générations spontanées, une espèce d'air séminal non analysé et inanalysable ? Vous ne le savez pas, et il suffit que cette hypothèse soit possible pour que votre expérience ne soit pas une démonstration. En second lieu, vous semez de l'amiante avec les corpuscules atmosphériques, et vous dites : Ce sont ces corpuscules qui ont germé. Qu'en savez-vous ? Cette amiante n'a-t-elle pas en outre recueilli ce principe vital de l'air dont je viens de parler ? n'est-ce pas lui qui a semé la vie ? Et il suffit encore que cette hypothèse soit possible pour que votre dernière expérience ne soit pas une démonstration. Nous n'admettrons vos conclusions que si vous nous montrez les mêmes résultats en renonçant à l'emploi du feu, des acides et de toutes les substances qui peuvent altérer les propriétés physiologiques de l'air.

À ces objections, qui ne manquent ni de force ni d'habileté, les panspermistes répondent par de nouvelles expériences. Revenons à celles de MM. Lemaire et Gratiolet. On se rappelle qu'elles consistent à puiser l'air à l'endroit qu'on veut analyser, à recueillir les germes qu'il contient dans un peu d'eau, et à examiner ce liquide au microscope. Elles ont été commencées en Sologne, dans une localité très malsaine, au-dessus d'un étang, près d'un village où règnent les fièvres paludéennes, et à qui sa mauvaise réputation a mérité le surnom caractéristique de *tremble-vif*. L'eau qu'on recueillit avait l'odeur de marais ; elle ne contenait aucun être vivant, mais on y voyait des myriades de spores sphériques, arrondis ou fusiformes, des cellules pâles et des corps demi-transparents ovoïdes. Au bout de quinze heures, un grand nombre de ces germes étant éclos, on trouvait dans une seule goutte plus de deux cents bactéries ; après quarante-huit heures, les vibrions et les spirilles fourmillaient, et au troisième jour les monades, dont l'incubation paraît plus longue, se remuaient dans tous les sens. Pendant que cette population se développait peu à peu, les germes d'où elle sortait disparaissaient nécessairement. Il ne peut plus être question ici de génération spontanée, car on opère avec de l'eau pure, qui ne produit jamais d'infusoires. Comme elle ne peut pas les nourrir, ils en sont réduits à se dévorer mutuellement. Les bactéries sont sacrifiées tout d'abord, les vibrions et les spirilles disparaissent à leur tour, après quoi les monades se mangent entre elles. Au bout de quinze jours, les plus grosses survivent seules, comme les plus grands brochets dans un étang. Cela fait, l'eau est redevenue pure et peut se garder indéfiniment sans se repeupler. C'est donc bien à l'air qu'elle avait emprunté ses germes. Supposez qu'on y eût ajouté un peu de matière organique, les infusoires y auraient trouvé l'abondance, se seraient multipliés tant qu'ils auraient trouvé à manger, et auraient fraternellement vécu sans se nuire. Après cette étude dans une localité malsaine, on se transporta au centre d'une contrée célèbre par sa salubrité, à Romainville, à 90 mètres au-dessus de la Seine, au milieu des champs cultivés : on y trouva les mêmes germes, on y vit naître les mêmes infusoires ; mais, étant moins nombreux, ils avaient disparu en trois jours. Entre ces deux extrêmes se classent les diverses localités d'après l'abondance de leurs germes aériens ; le Jardin des Plantes est intermédiaire entre la Sologne et Romainville, malheureusement plus loin de Romainville que de la Sologne. Après l'atmosphère de différents pays, on en vint à analyser celle qui avait séjourné ou passé auprès des macérations peuplées d'infusoires. Un sirop en pleine fermentation et rempli de levure laissait échapper des spores de ce végétal que l'air entraînait avec lui dans ses mouvements, et en lavant un courant d'air qui avait circulé au-dessus d'une macération de viande corrompue, on recueillit et on fît éclore dans l'eau des germes qui, reproduisaient tous les infusoires vivant dans la macération.

À ces exemples remarquables j'ajouterai encore l'observation suivante, la plus curieuse de toutes. Une affreuse maladie qui s'attaque au cuir chevelu, le favus, la teigne, puisqu'il faut l'appeler par son nom, est produite par un champignon microscopique, l'achorion shœnleinii. Elle a été étudiée avec soin par M. Bazin, médecin de l'hôpital Saint-Louis, qui admettait depuis longtemps la possibilité de sa transmission par l'air, et qui se joignit à M. Lemaire pour le démontrer. On fit venir un jeune malade de seize ans qui n'avait jamais été soigné et qui était entièrement envahi ; on le plaça dans un courant d'air, on mit à quelque distance un vase refroidissant, et on recueillit l'eau de condensation : elle était pleine de spores vivants d'achorion entraînés par l'air.

Il est bien difficile de se soustraire aux conclusions qui découlent d'observations aussi nettes, surtout quand on les rapproche de quelques autres expériences que l'on doit encore à M. Pasteur, et dont il me reste à parler. M. Pasteur prépare un grand nombre de ballons dont les cols étirés à la lampe en un long tube étroit sont plusieurs fois recourbés sur eux-mêmes, et se terminent enfin par une fine ouverture. Il y introduit soit de l'eau sucrée albumineuse, soit de l'urine, soit du fait qu'il fait bouillir pendant quelques minutes, et il abandonne les ballons dans un lieu tranquille sans les fermer. L'ébullition a détruit tous les germes humectés qui existaient dans les liquides ; l'air qui rentre au premier moment n'en contient pas de vivants parce qu'il est chaud, et celui qui viendra ensuite, à cause de la lenteur de ses mouvements, déposera dans les sinuosités du col les poussières flottantes, qui n'arriveront que difficilement jusqu'au liquide ; mais cet air se renouvellera constamment à cause des variations de température et de pression, et la solution se trouvera bientôt en contact avec de l'air atmosphérique auquel on n'aura fait subir aucune autre préparation que de le dépouiller de ses poussières. Suivant l'hétérogénie, tous les ballons devront être féconds ; suivant la panspermie, un grand nombre resteront stériles : l'expérience donne raison à la panspermie.

J'arrive enfin à une dernière épreuve, la plus simple de toutes, et celle qui répond le mieux aux objections de l'hétérogénie, M. Pasteur renonce aux longs cols tortueux ; il conserve les mêmes ballons terminés par une pointe effilée et les mêmes liquides qu'il fait bouillir pendant longtemps. Quand le jet de vapeur a balayé tout l'air que contenait le vase, il le ferme en fondant la pointe au chalumeau. Le ballon restant privé d'air après le refroidissement, les liquides s'y conservent indéfiniment sans moisissure, sans infusoires, sans altération d'aucune sorte. À un moment donné, on ouvre le ballon dans l'air en cassant la pointe avec des pinces passées au feu ; aussitôt après on le referme en la fondant de nouveau, et l'on a, pendant le peu de temps que le vase était ouvert, puisé dans l'atmosphère et enfermé au contact de la liqueur putrescible un volume d'air limité avec tout ce qu'il contenait, avec toutes ses propriétés connues ou inconnues. Si vous êtes hétérogéniste, vous trouverez réunies dans cette préparation toutes les conditions qui déterminent les générations spontanées, et vous prédirez que chaque liquide se peuplera de toutes les espèces qui s'y développent quand il est abandonné à l'air libre. Si vous êtes panspermiste, vous raisonnerez ainsi. — En introduisant l'air dans le ballon, j'introduis en même temps les germes qu'il contenait ; mais il est certain qu'un volume aussi petit ne renfermera pas à la fois des spores et des œufs de tous les infusoires et de toutes les mucédinées connus, et comme ceux qu'il contient appartiennent à des espèces variées, il y aura nécessairement de grandes différences dans les résultats, si je répète plusieurs fois l'expérience. Aujourd'hui j'introduirai quelques spores de pénicillium glaucum, et demain ce champignon aura poussé à la surface du liquide. Dans un second ballon, l'air pourra apporter des œufs de kolpodes qui écloront plus tard. Une autre fois des bactéries remplaceront les kolpodes, et en général la même solution se peuplera d'êtres différents et variés dans divers ballons. Il pourra même arriver que sur un grand nombre il y ait quelques prises d'air dépourvues de germes, et dans ce cas elles resteront indéfiniment stériles, quoique toutes les conditions réclamées par l'hétérogénie soient, réalisées. Cette stérilité devra se rencontrer assez souvent dans les caves et les lieux où l'air est calme, — pendant l'hiver, où la vie sommeille, — après la pluie, quand les germes ont été précipités. Elle sera plus rare en été, après une longue sécheresse et dans les lieux où l'air est très peuplé, comme la Sologne. — Telles sont les conséquences naturelles des principes de la panspermie. Cette fois encore l'expérience lui donne raison en confirmant avec une rigueur mathématique le raisonnement que nous venons de développer.

Que répond l'hétérogénie ? « Avec ces procédés, l'on peut faire d'excellentes conserves d'Appert, mais on ne fait pas des expériences physiologiques dignes de ce nom. » M. Joly a de l'esprit, nous le savions ; mais une plaisanterie n'est pas un argument. Revenons à M. Pasteur et à la plus concluante des observations qu'il ait faites. M. Pasteur disposa à la fois dans une seule opération, avec une même dissolution, soixante ballons fermés et vides, identiques entre eux, qu'il divisa au hasard en trois séries de vingt ballons chacune. Il les emporta toutes les trois pour les ouvrir ensuite dans trois endroits qu'il avait choisis à l'avance : la première série dans la plaine qui s'étend en France au pied du Jura, la deuxième sur le plus haut plateau de cette chaîne, la troisième enfin sur le Montanvert, au milieu de la Mer de Glace, au pied des neiges du Mont-Blanc. Il est évident que le nombre des germes contenus dans l'air en ces trois localités devait diminuer quand l'élévation augmentait, à mesure qu'on s'éloignait des prairies, des champs et des eaux où ces germes naissent. En effet, huit ballons furent fécondés dans la plaine ; il n'y en eut plus que cinq au haut du Jura, et sur les vingt qu'on ouvrit au Montanvert, un seul développa des mucédinées. On voit que l'air commun ne développe pas toujours la vie dans les solutions, et quand on le fractionne en petits volumes séparés, les uns sont fécondants, les autres ne le sont point. Ils devraient l'être toujours, si l'hétérogénie était vraie.

Ici se place dans l'histoire que nous faisons de ces mémorables débats un épisode qu'il nous est impossible de taire, parce qu'il porte avec lui son enseignement, MM. Joly, Musset et Pouchet avaient transporté au sommet des Pyrénées des ballons préparés comme ceux de M. Pasteur. Les ayant ouverts pour les remplir d'air à la Rencluse et à la Maladetta, ils avaient vu naître des organismes dans chacun d'eux. Ces résultats, opposés à ceux qu'avait obtenus M. Pasteur, mais conformes aux prévisions de l'hétérogénie, établissaient une dissidence de fait entre les observateurs qui se combattaient depuis si longtemps. Tout le monde vit poindre l'espérance de terminer la querelle par une expérience décisive. M. Pasteur saisit avec habileté une si heureuse occasion, et l'on s'accorda pour demander des juges à l'Académie, qui nomma une commission choisie parmi les physiologistes et les chimistes. La question était admirablement posée. « J'affirme, disait M. Pasteur, qu'en tout lieu il est possible de prélever au milieu de l'atmosphère un volume d'air déterminé qui ne contienne ni œuf ni spore, et

ne produise aucune génération dans les solutions putrescibles. »
De son côté, M. Joly écrivait : « Si un seul de nos matras demeure
inaltéré, nous avouerons loyalement notre défaite. » Enfin M.
Pouchet, plus explicite encore, ajoutait : « J'atteste que, sur quelque
lieu où je prendrai un décimètre cube d'air, dès que je mettrai
celui-ci en contact avec un liquide fermentescible renfermé dans
un matras hermétiquement clos, constamment celui-ci se remplira
d'organismes vivants. » Chacun, s'engageant ainsi avec une certaine
solennité, semblait s'être fermé toute issue. Ceci se passait au mois de
janvier 1864. Cependant, quelque temps après, les hétérogénistes,
qui sans doute avaient voulu préparer leurs armes, demandèrent
que l'épreuve fût reculée jusqu'à l'époque des chaleurs. M. Pasteur,
qui était prêt en tout temps et fort désireux d'en finir, consentit
avec quelque regret, mais enfin consentit à ce délai, et ce fut
seulement le 15 juin que la commission et les champions purent
se réunir ; mais alors survint un malentendu sur lequel on n'avait
pas compté, La commission, qui se rappelait l'origine du débat,
voulait le restreindre à la seule expérience qui l'avait provoqué et
qui devait le finir, puisque la contestation portait sur un fait. Les
hétérogénistes ne l'admettaient pas ainsi, et entendaient répéter à
cette occasion la longue série de leurs expériences. C'était vouloir
reprendre l'éternelle discussion et rendre le jugement aussi long
que l'avait été la dispute. La commission persistant, ils crurent
pouvoir se retirer. Il est peut-être malheureux que la commission
ait tenu à ce programme au point de laisser échapper cette occasion
unique d'une solution qu'on attendait d'elle ; mais ce qui est bien
certain, c'est que les hétérogénistes, de quelque façon qu'ils aient
coloré leur retraite, se sont eux-mêmes condamnés. S'ils avaient
été sûrs du fait, — qu'ils s'étaient solennellement engagés à prouver
sous peine de s'avouer vaincus, — ils auraient tenu à le montrer,
car c'était le triomphe de leur doctrine : on ne se laisse condamner
par défaut que dans les causes dont on se défie.

Section III

Lorsque des discussions qui intéressent à un si haut degré la
philosophie des sciences s'imposent à l'attention publique, il
semble que ce soit un devoir pour les maîtres d'apporter dans

la balance le poids de leur autorité. Aussi est-ce sans surprise, mais avec une sorte de reconnaissance, que l'on a vu M. Coste, le célèbre embryogéniste, revendiquer le droit de redresser des interprétations qu'il croit erronées. Dès les premiers mots, on a vu qu'il allait transporter la question sur un nouveau terrain, et la rajeunir en la tirant des expériences générales et des raisonnements philosophiques pour la ramener à l'observation patiente de chaque espèce microscopique au moment où elle naît, se développe et se multiplie, sauf à généraliser ensuite les faits particuliers. M. Coste a donc pris un exemple ; il a choisi les kolpodes, animaux assez gros, faciles à observer et à suivre. On en trouve à coup sûr dans chaque goutte d'une macération de foin. Chacun peut les y observer, en étudier les allures et les mœurs avec un microscope acheté 5 fr. chez les opticiens de la rue Chapon. Les kolpodes, à l'aide de leurs cils vibratiles, se meuvent en tous les sens avec vélocité, s'évitent ou se rencontrent, paraissent en quête continuelle, et souvent se réunissent en troupeaux serrés sur des masses de monades ou de vibrioniens qu'ils dévorent. Quand ils sont bien nourris et bien gros, on les voit s'arrêter, tourner sur eux-mêmes, sécréter, aux dépens de leur propre substance, une membrane sphérique qui les enveloppe, les enferme, et où ils se casent dans une immobilité complète, comme une chrysalide dans son cocon. Dans ce *kyste*, on voit bientôt apparaître des séparations de plus en plus accentuées qui divisent la masse en quatre, huit et même douze chambres, habitées chacune par un petit kolpode qui peu à peu se met à tourner, et bientôt toute la nichée s'échappe un à un par un trou qu'ils font dans l'enveloppe. On les voit grossir ensuite, et, quelques heures après, recommencer, chacun pour son compte, l'évolution à laquelle ils doivent leur naissance commune. Ce procédé de reproduction se nomme l'enkystement de multiplication. Les kolpodes ont encore à leur disposition une autre méthode que M. Gerbe vient de découvrir sous les yeux mêmes de M. Coste, et qu'il a bien voulu me faire observer avec lui. Deux kolpodes vieillis, provenant de nombreuses sous-divisions successives, maigris et transparents, se recherchent, se joignent par la face ventrale, se réunissent peu à peu et se collent en un seul. En cet état, ils se font un kyste commun, — kyste de copulation, — et gardent pendant quelque temps une immobilité absolue, pendant laquelle on voit des changements progressifs intérieurs. Finalement quatre corps arrondis, quatre œufs, s'échappent de l'enveloppé. Les parents ont disparu, mais les œufs prennent peu à peu la forme de petits kolpodes qui succèdent au père et à la mère. Ehrenberg, qui fait autorité dans ces matières, parle d'un troisième mode de génération. Il a surpris et figuré un kolpode émettant une multitude d'œufs extrêmement petits. On voit avec quel luxe de procédés divers également féconds la nature a pourvu à la multiplication de ces singuliers animaux ; elle ne s'en est pas encore contentée, car elle y joint la faculté de perdre la vie quand ils se dessèchent, et de la reprendre quand on les humecte. M. Balbiani avait observé en 1857 une goutte d'eau déposée sur une lame de verre et où se trouvaient des kolpodes vivants. L'eau s'évaporant, chacun d'eux s'était enkysté et endormi dans son enveloppe. Or, la plaque ayant été de nouveau mouillée en 1864, on a vu chaque kolpode sortir de sa coque et reprendre sans hésitation ses fonctions vitales, interrompues par sept années de sommeil. C'est l'histoire de la belle au bois dormant dans son château. Ainsi les kolpodes vivent dans les mares, s'enkystent quand elles se dessèchent, et revivent aussitôt que l'eau revient. Sur les feuilles, dans les prairies, à chaque pli de rocher ou de terrain, ils vivent et se multiplient toutes les fois qu'il pleut, et ils s'échappent en poussière endormie quand il fait beau, afin d'aller porter en tous lieux les semences fécondes de leur espèce.

Il nous reste à dire comment les kolpodes apparaissent, et comment M. Coste explique leur genèse prétendue spontanée. Il secoue sur une feuille de papier une poignée de foin ; il recueille la fine poussière qui s'en détache, la met dans l'eau et l'observe aussitôt. Il y reconnaît à l'instant des kystes de kolpode, qu'il ne quitte pas des yeux, et il ne tarde pas à les voir se réveiller, se mouvoir et se reproduire. Il y avait donc sur le foin, puisqu'on les découvre au milieu de la poussière qui en tombe, des kystes de kolpode, tout formés, séchés et conservés. Ils revivent aussitôt qu'on les mouille, c'est une faculté qu'on vient de constater ; mais ils ne se forment pas : c'est un réveil, non une naissance, un retour à la vie active après léthargie, ce n'est pas une génération spontanée. L'expérience est la même quand, au lieu de secouer les poussières, on fait macérer le foin dans l'eau. Les kystes restés sur les feuilles se remettent à nager, et voilà comment les observateurs inattentifs croient que les kolpodes dont ils n'ont pas vu les kystes ont été spontanément engendrés par la macération. On peut filtrer la liqueur sans rien changer aux résultats : les filtres, même superposés, livrent passage, M. Coste l'a constaté, aux kolpodes, à leurs œufs, aux bactéries, aux vibrions et aux monades. Si peu qu'il en passe d'ailleurs, ils se multiplient rapidement, parce qu'ils trouvent une abondante nourriture dans l'infusion, et comme cette population a besoin de respirer l'air, elle arrive à la surface, où elle forme bientôt une pellicule qui s'épaissit de jour en jour, un monde, un véritable lit d'infusoires, une table commune où les monades dévorent les bactéries, et où les kolpodes mangent les monades.

M. Pouchet interprète ces faits, qu'il a fort bien décrits, d'une manière toute différente. Il soutient que les kolpodes ne peuvent passer à travers les filtres, parce qu'ils sont plus gros que les pores du papier ne sont larges, ce qui est vrai ; mais ce raisonnement ne détruit pas le fait que M. Coste affirme, et qu'il explique en disant que les kolpodes gélatineux et mous s'amincissent et s'allongent pour franchir les pertuis. M. Pouchet admet que dans la liqueur filtrée il n'y a rien, ni œufs, ni spores, ni organes d'aucune sorte, mais qu'à la surface, au contact de l'air, la vie s'organise peu à peu, qu'il s'y forme une membrane *proligère*, que celle-ci engendre des œufs spontanés d'où sortent successivement les vibrions, les monades et les kolpodes. Il n'en donne à la vérité aucune preuve décisive, c'est une simple interprétation qu'il propose, et qu'il préfère à celle de M. Coste ; mais M. Coste tient à la sienne. Après avoir exposé les faits, je devrais peut-être, à titre de renseignements, faire connaître au public les opinions des savants. Je me bornerai à reproduire celle de l'un des secrétaires de l'Académie des Sciences, — la plus haute autorité derrière laquelle on puisse s'abriter, — parce que M. Flourens a résumé ses idées dans la forme nette et concise d'un verdict motivé : « Tant que mon opinion n'était pas formée, je n'avais rien à dire. — Aujourd'hui elle est formée, et je la dis. — Les expériences de M. Pasteur sont décisives. — Pour avoir des animalcules, que faut-il, si la génération spontanée est réelle ? De l'air et des liqueurs putrescibles. Or M. Pasteur met ensemble de l'air et des liqueurs putrescibles, et il ne se fait rien. — La génération spontanée n'est donc pas. Ce n'est pas comprendre la question que de douter encore. »

Le lecteur connaît maintenant les pièces importantes de ce grand procès, il n'a plus qu'à le juger. Quant à moi, il me reste une dernière tâche, c'est de montrer le rôle que jouent dans la nature ces êtres chétifs, si peu connus, nos ennemis redoutables ou nos ouvriers laborieux, nos bourreaux ou nos bienfaiteurs.

Tous les êtres, depuis le moment de leur naissance jusqu'à l'heure de leur mort, accomplissent sans interruption un travail chimique déterminé. C'est ainsi que les animaux prennent l'oxygène à l'air pour brûler une partie de leur substance, ou que les végétaux décomposent l'acide carbonique, dont ils gardent le charbon, en rendant l'oxygène à l'atmosphère. La même loi s'applique aux êtres microscopiques, avec cette différence que chaque espèce semble destinée à accomplir une action chimique qui lui est propre. Nous avons vu par exemple que la levure de bière transforme le sucre en alcool et en acide carbonique : elle ne peut vivre qu'à la condition de remplir cette mission ; elle meurt quand le sucre lui manque. Or le règne végétal ne produit jamais d'alcool ; mais il crée des masses considérables de sucre dans tous les fruits, dans les tiges, les racines et quelquefois dans les feuilles de quelques plantes. Après la mort du végétal, ces sucres, en dissolution dans l'eau, sont immédiatement envahis par la levure de bière, qui s'y développe naturellement, qui s'y multiplie et qui les transforme en liqueurs fermentées. C'est ainsi que se font le vin, le cidre, la bière et toutes les boissons fermentées qui s'imposent à l'homme de tous les temps et de tous les pays. À son tour, l'alcool mêlé d'eau devient le réceptacle de vibrions d'une espèce particulière qui s'étalent à la surface, où ils forment une membrane. Ceux-ci ont une propriété toute différente ; ils absorbent avec une grande énergie l'oxygène de l'air, le transportent sur la liqueur et brûlent partiellement l'alcool, qui se transforme en vinaigre, et enfin, si on laisse le vinaigre à l'air, il ne tarde pas à être habité par le mycoderme du vin, qui continue la même action, brûle le vinaigre et en fait de l'acide carbonique et de l'eau. C'est un vibrion qui fait cailler le lait et donne le fromage ; ce sont des animaux du même ordre qui décomposent à la longue par fermentation presque toutes les substances animales ou végétales, et comme le nombre de ces petits êtres est innombrable, le petit travail de chacun se multiplie à l'infini, et l'action définitive de ce monde invisible est un des grands ressorts du monde : il mérite qu'on le suive.

Nous lui devons nos boissons fermentées, l'eau-de-vie, le rhum, le kirsch, le genièvre et tous leurs analogues. Nous lui devons l'alcool, qui est aujourd'hui la base de tant d'industries diverses. Nous lui devons encore le vinaigre, le fromage, le levain et par suite le pain, sans compter un grand nombre de substances moins connues. Chaque vase où une colonie de ces êtres s'établit est une fabrique de produits chimiques, une ruche qui travaille pour l'homme, et dont l'homme surveille et dirige l'industrie collective sans la comprendre. Ce rôle ne s'arrête pas là ; le monde invisible préside à toutes les décompositions. Nous venons de voir comment il transforme par des étapes successives le sucre en alcool, l'alcool en vinaigre, enfin le vinaigre en eau et en acide carbonique. Ce qu'il fait pour le sucre. Il le répète pour toutes les matières organiques. Après la mort, le cadavre de tout animal est livré aux mucédinées qui peuplent sa surface et à des infusoires spéciaux qui vivent sans avoir besoin d'oxygène et se développent à l'intérieur. Ils s'attaquent au sang, à la chair, à tous les liquides de l'économie, à tous les organes. Quand l'œuvre d'une espèce est accomplie, une autre lui succède ; la décomposition se continue, et finalement la matière qui avait formé le corps pendant la vie se transforme en eau, en acide carbonique, en ammoniaque ; elle est rendue tout entière à la nature minérale : la vie a complété la mort. Si ce monde invisible n'existait pas, les matières animales ou végétales ne se décomposeraient que lentement, et la terre porterait à sa surface, pendant de longues périodes d'années, les restes indécomposés de toutes les générations qui l'ont peuplée. Cette mission des êtres invisibles est bienfaisante et nécessaire. Quelquefois cependant elle se tourne contre le monde apparent : des mucédinées envahissent le raisin, le blé, la pomme de terre, et alors surviennent les grandes calamités publiques ; quelquefois aussi elles s'attaquent aux animaux, comme la muscardine aux vers à soie, et probablement aussi quelques espèces frappent l'homme de ces maladies terribles et contagieuses qui dévastent le monde sous le nom de choléra ou de peste. L'attention des savants est dirigée dans cette voie, et l'on peut espérer, par un travail dont il me reste à parler, qu'elle ne s'y portera pas en vain.

Le docteur Davaine consacre depuis quelques années tous ses soins à l'étude d'une maladie charbonneuse terrible, le *sang de rate*, qui se développe spontanément chez les moutons, qu'elle tue infailliblement. Le sang de ces animaux, examiné au microscope, fut trouvé rempli d'animalcules voisins des bactéries et qu'on a nommés bactéridies. Quand on l'injecte dans le tissu d'un autre animal, on y transporte ces êtres, qui s'y multiplient, et la mort est certaine. La maladie se transmet également, si on fait avaler à un lapin soit le sang, soit un organe d'un animal atteint du sang de rate. On peut sécher le sang infecté, le conserver indéfiniment sans lui enlever les germes des infusoires qu'il contient, et toutes les fois qu'on l'injecte ou qu'on le donne en aliment, on transmet la maladie. Cette étude faite, et les symptômes du sang de rate le rapprochant d'un autre mal terrible qu'on nomme le charbon, on fut conduit à chercher s'il n'existait pas entre les deux affections une connexion plus étroite. Le charbon commence par une pustule maligne de couleur noirâtre, entourée d'un anneau vésiculeux qu'il faut se hâter de cautériser, si l'on veut éviter un empoisonnement général. Or le 14 avril de cette année le docteur Raimbert eut l'occasion de traiter une pustule maligne et charbonneuse survenue chez un charretier dans une ferme où les moutons avaient le sang de rate. Il enleva la pustule, la sécha aussitôt, et la fit tenir au docteur Davaine, qui l'examina au microscope : c'était un feutrage exclusivement composé de bactéridies. Il en fit manger une partie à des lapins qui prirent le sang de rate, qui succombèrent, dont le sang était envahi par les bactéridies et qui communiquèrent le charbon. Voilà donc une maladie transmise des moutons à l'homme, apparaissant chez celui-ci par une pustule, laquelle à son tour peut transporter à tous les animaux le virus particulier qu'elle contient. Et quel est ce virus ? Un composé d'infusoires d'une espèce spéciale et venimeuse. La moindre quantité suffit pour tuer, parce qu'elle suffit à semer et à multiplier l'espèce : la maladie est transmise par inoculation, parce que les animalcules passent du sujet atteint à l'individu inoculé ; la maladie se propage par l'air, parce que les germes s'envolent et se sèment, peut-être aussi, comme on le prétend, par des piqûres de mouches, parce que celles-ci auraient été les intermédiaires de la transmission des bactéridies. Telle est l'explication, non moins simple que certaine, des effets d'un virus particulier. L'avenir dira bientôt s'il est possible d'étendre à tous les cas analogues une aussi féconde théorie ; mais dès aujourd'hui on comprend les espérances des physiologistes, on prévoit leur succès : peut-être va-t-on connaître, éviter et guérir les fléaux contagieux.

ISBN : 978-1722130282

www.ingramcontent.com/pod-product-compliance
Lightning Source LLC
Chambersburg PA
CBHW070933220526
45468CB00005B/1758